走 进 中 国 民 居

徽州的村落

刘文文 著　梁灵惠 绘

U0163414

电子工业出版社

Publishing House of Electronics Industry

北京·BEIJING

徽州地区在安徽、江西、浙江三省的交界处，山水环绕，景色优美。美丽的新安江和奇秀的黄山，造就了徽州独特的环境和文化。

群山环抱的徽州地区散布着大大小小的传统村落。4700多处古民居点缀在苍山翠海之中，随着山势高低起伏，与青山秀水融为一体。

依山傍水的村落从选址到建造，都充满了古老的智慧。选址的时候既要尊重自然，也要细微地修饰改造，追求"天人合一"的境界。

这些村庄生长得自由美丽又形态各异。有的古镇临水而建，沿着江岸蜿蜒扩展；有的村庄四面环山，贴着山脚缓缓起伏。

　　宏村是远近闻名的徽州古村落，风景优美，历史悠久，被称作"中国画里的乡村"。宏村建于南宋时期，背靠着巍峨苍翠的雷岗山，南面是开阔的南湖。

　　如果从高空俯瞰，整个村庄好像一只巨牛。"山为牛头树为角，桥为四蹄屋为身"——雷岗山是牛头，南湖是牛肚，湖面的四架桥是牛腿，高低错落的民居是牛的身躯。湖光山色映衬着屋舍院落，行走其间，仿佛置身画中。

　　宏村有一条环绕全村的完整水系。村民在
西北高处拦河建坝，引入西溪，溪水九曲十弯，穿
庭入院，绕过每家每户，最后汇入村头的南湖。

　　这条水系作用大得很，各家饮用、洗衣、浇花、灌园子，都
从小溪里取水。清水汩汩不断，好像古人的自来水一般。这条清澈见底
的小溪穿堂过户，滋养整个村庄，形成"家家门巷有清泉"的美丽景致。

"何事就此卜邻居，花月南湖画不及。"南湖和月沼是宏村水系上的两颗明珠。

南湖是村头的百亩清波，既可以蓄洪，又方便灌溉。湖上有长堤，堤外有西溪，碧波荡漾，湖光山色，堪比西湖。

　　月沼是宏村中心的一方半月形池塘,也叫月塘。池水清莹,塘面如镜,倒映着四周的民居和祠堂。

　　晚饭过后,漫天红霞落入水中,池塘边人声渐稠。端着洗衣盆的妇女、嬉戏的孩童、乘凉闲话的老人,三三两两,慢慢围拢过来,让月沼成了全村最热闹的地方。

宏村的水系也被称作"牛肠",意思是
溪水弯弯绕绕,好比牛肠一般。村里的街巷
都紧贴着水渠,蜿蜒曲折。

溪流和小路相伴而行，或在路下，或在路旁。路面用青石板铺砌，也有简朴的石桥架在溪水之上。街巷两旁是百余幢保存完好的明清宅院，粉墙黛瓦，层楼叠院。

徽州地区山多地少，各家各户紧挨着，防火是
个大问题。于是，人们就把四面院墙砌得高过屋顶，
阻止火势蔓延，这就是"封火墙"的由来。

封火墙呈阶梯形，墙身刷白粉，墙头铺黑瓦，墙角翘起，很像马头的形状，因此又叫"马头墙"。远远眺望，高墙耸立，黑白相间，高低错落，十分生动。

　　徽州的民居最常见的是三合院。进门
是天井，两侧是厢房，一楼是厅堂，二楼用来
储物，或作女儿闺房。

　　天井承担了采光、通风的重任，也是院落的核心。富
裕人家会在天井正中砌上水池，养鱼种花，增添情趣。

天井四边的屋檐都向内倾斜，下雨时，雨水向内汇成漂亮的水帘，被称为"四水归堂"——汇水象征着财富的汇集，所以徽州人也把天井叫作"聚财屋"。

　　正对天井的就是厅堂，陈设最为讲究。厅堂正壁上匾额高举，醒目大方。匾额下悬挂字画，铺贴楹联；靠墙壁陈设长条木案，案上摆放花瓶，堂皇且雅致。年节参拜、招待客人、商议家事，都在厅堂进行。

　　宅院内外的雕刻装饰华丽精美，处处体现着家族的地位与财富。
门楼和门罩上的砖雕、梁头枋间的木雕、柱础门墙上的石雕，花草鸟兽、
山水景致、历史典故皆可入画，无不精妙绝伦、栩栩如生。

徽州是一个名副其实的"祠堂之乡"，每个村子、每个姓氏都有自己的祠堂。祠堂是全村最重要的公共建筑，用于祭拜祖先和商议大事，因而修建得庄重肃穆。

位于龙川的胡氏宗祠宏美壮丽，被誉为"中国木雕建筑博物馆"。这座祠堂最早建于明代，前后三进，长八十多米，依次是门楼、正厅和寝楼，一进高过一进，非常有气势。祠堂的门楼是一座"五凤门楼"，楼顶十个翼角好像五对展翅欲飞的凤凰。

宗祠也有亲切的一面，村民常常把戏台搭在宗祠对面，每逢节庆演出时，锣鼓喧嚣，吹打热闹。气派的宗祠和大戏台也是族人向四方乡邻炫耀的资本，代表着本族本村的体面和兴旺发达。

牌坊是另一类重要的徽州建筑，也是徽州历史的见证。人们建造牌坊，表彰功名节义，宣传人物事迹。

　　歙县棠樾村有一个牌坊群，七座青石牌坊在村口顺序而立，沿着道路弧形排列，拔地而起，气势非凡。这七座牌坊在明清两代陆续建立，最中间的是义字坊，匾额镌刻着"乐善好施"，表彰鲍家父子出资赈灾，济困扶贫。

　　每一座巍峨高耸的牌坊背后都有一个动人故事，提醒着一代又一代的徽州人不要忘记先辈的荣耀。

徽州商人走南闯北，积累了大量的财富，他们也格外重视子女的教育。"十户一祠堂，五户一书院"，书院是徽州村落里常见的文化建筑，规模大小不一，布局比较自由。

小的书院常常临溪而建，三间两层的小楼，有花木扶疏的小院、连接前后的曲廊，庭前常有一方小水塘，可以凭栏观鱼，极富园林趣味。

　　雄村的曹氏是新安望族，清代族人兴建了竹山书院。竹山书院是一座典型的徽派园林建筑。书院讲学的地方叫作"清旷轩"，也叫"桂花厅"。

　　曹氏家族曾有约定：凡族人中举，可在庭院中手植桂花一棵。久而久之，轩前小巧的庭院中便种满了桂花树，最多的时候有52棵，可见曹氏家族考取功名的人数之多。

　　村落之外有一种重要的公益性建筑，那就是散布在村庄和田野之间的亭桥。桥是渡桥，对于人们的出行有极为重要的意义，"造千万人往来之桥"。桥上有廊者叫"廊桥"，不但可以为行人遮风避雨，也是四邻八乡休息闲聚之处。

　　婺源县清华镇有一座百年古廊桥——彩虹桥，桥上有 11 座相连的亭阁，共同组成长廊。廊桥两侧有围栏和美人靠，供人观赏、休息。

　　乡间的路亭也是一种公益性建筑。亭者，停也，是迎归相
送的地方。徽州的各个村落之间，相隔三五里就有一个这样的
小亭子，方便来往的人们避雨、歇脚和纳凉。有些路亭备有茶水，
甚至还有炊具和柴草，给运行的旅人提供方便。"茶待多情客，
饭留有义人"，质朴的楹联充满了人情味。

相逢何必通姓名，但闻高居何处村。
徽州的村落是一张生动的名片，代表了
一个家族的历史与现状。

　　高耸的山墙、飞翘的檐角、精巧的院落，共同构成充满特色的徽派建筑。村口祠堂前的空地，青石板铺就的街巷，浣衣淘米的池塘，组成了徽州人共同的家乡记忆。

图书在版编目（CIP）数据

走进中国民居. 徽州的村落 / 刘文文著；梁灵惠绘. -- 北京：电子工业出版社，2023.1
ISBN 978-7-121-44605-4

Ⅰ.①走… Ⅱ.①刘… ②梁… Ⅲ.①村落－徽州地区－少儿读物 Ⅳ.①TU241.5-49

中国版本图书馆CIP数据核字（2022）第226511号

责任编辑：朱思霖
印　　刷：北京瑞禾彩色印刷有限公司
装　　订：北京瑞禾彩色印刷有限公司
出版发行：电子工业出版社
　　　　　北京市海淀区万寿路173信箱　邮编：100036
开　　本：889×1194　1/16　印张：18　字数：46.2千字
版　　次：2023年1月第1版
印　　次：2023年4月第2次印刷
定　　价：168.00元（全6册）

凡所购买电子工业出版社图书有缺损问题，请向购买书店调换。若书店售缺，请与本社
发行部联系，联系及邮购电话：（010）88254888，88258888。
质量投诉请发邮件至zlts@phei.com.cn，盗版侵权举报请发邮件至dbqq@phei.com.cn。
本书咨询联系方式：（010）88254161转1859，zhusl@phei.com.cn。